古詩詞裡的自然常識 蔬菜篇

史軍———著

傅遲瓊———繪

U0049599

吃蘿蔔為什麼會放屁？①

各界推薦

建立詩詞的生活連結，激起閱讀動力，原來，「讀詩」也可以是跨領域的統整學習。

小茱姊姊（施賢琴）｜教育廣播電台主持人

這本書從認識歷史和自然常識出發，帶孩子體會詩詞背後的故事，也呼應 108 課綱，讓文學與歷史、自然科學跨領域聯繫。

高詩佳｜暢銷作家、「高詩佳故事學堂」Podcast 主持人

從生活中可以發現許多科學現象，但如果是從古詩裡呢？就讓這套書帶著我們一起看看古詩跟科學可以擦出什麼火花吧！

楊棨棠老師（蟲蟲老師）｜寶仁小學自然科專任教師

我很喜歡古典詩詞，常對古人絕妙好辭嘆為觀止，但這些嘆為觀止在開始攀爬台灣高山之後改觀：原來真正美的非遷客騷人的詞藻，而是大塊文章鬼斧神工。

而本書讓人驚豔之處也在於將古典詩詞之美具象，將詩人加工過的風花雪月回復成「原形食物」，並以很反差卻毫不違和的科普型態呈現詩文提及的自然百態，兼具感性與理性。

楊傳峰｜《為孩子張開夢想的翅膀》作者

語文與自然的跨界對談，除了欣賞古詩詞優美的意境，還能認識詩人們眼中的花、鳥、蟲、魚，天人對應，萬物相宜。

盧俊良｜「阿魯米玩科學」粉專版主、岳明國中小老師

序言

想讀懂詩詞，得先懂得生活

中文詩詞美嗎？當然！

既然古詩詞是文化瑰寶，大家也覺得詩詞是美好的語言，爲什麼寫過國文考卷的你，也只是把這些讚美掛在嘴邊呢？

因爲我們太久沒有讀詩詞了。

不過，這種距離感並不是因爲我們離開學校太久。仔細回想一下，就會發現詩詞離我們並不遙遠。一口氣背誦上百首唐詩、一口氣報出「李杜」的名號，這樣的場景何其熟悉。然而即便我們讀出這些詩詞和知識，它們也只是冷冰冰的文字組合，並沒有成爲生活的一部分；只是複雜的文字符號，讀完後很快就消散在空氣中。

難道閱讀詩詞只是爲了訓練記憶力嗎？當然不是！

詩詞裡有的是壯麗河川、花鳥情趣、珍饈美味、恩怨情仇……這一切不正是組成有趣故事的成分嗎？

想像一下，如果古人也有 Facebook、Instagram 等社交平台，那麼詩詞就是他們發文的內容。詩詞背後有著生動的故事、難忘的回憶，還有燦爛的文化傳承。當然，要想眞正明白這些文字，確實需要一些背景知識，因爲詩詞可是古人創作智慧的結晶，透過極致、簡練的語言表達更多內容、更悠遠的意境。

你可能會說：「講這麼多，還是不能解決問題！」別著急，這正是本書的價值和意義所在。

讀完這套書，孩子會明白：《詩經》中「投我以木瓜，報之以瓊琚」的本義，其實是「滴水之恩，湧泉相報」；孩子會明白「春蠶到死絲方盡」其實是生命輪迴的必經階段，蠶與桑葉早在幾千年前就註定有著割捨不斷的聯繫；孩子會明白古人如此重視「葫蘆」這種植物，絕不僅僅因為名字的諧音是「福祿」……

這正是本書希望告訴孩子的故事，也是想讓孩子了解的歷史和自然常識！

有了趣味生動的故事、色彩鮮明的插畫、幽默活潑的文字，才能有效傳遞這些知識。看書不僅僅是讀詞句，更重要的是體會背後的故事、作者的生活，真正理解這些過去大獲好評的內容。

從今天開始，不要讓詩詞成為躺在課本上的文字符號，一起找回古詩詞原有的魅力和活力，並成為知識、話語、生活的一部分吧！

史軍（中國科學院植物學博士）

目　錄

竹　筍

大白菜

蘑菇

蕪菁

薺菜

蘿蔔 ㄌㄨㄛˊ ㄅㄛ˙

為什麼小朋友覺得蘿蔔是苦的？蘿蔔吃多了為什麼會放屁？

擷 ㄐㄧㄝˊ 菜

宋・蘇軾

秋來霜露滿東園，

蘆菔生兒芥有孫。

我與何曾同一飽，

不知何苦食雞豚。

蘇軾被貶到惠州時，借了半畝地種菜。日子過得清苦，他卻十分樂觀豁達。這首詩一開始提到秋季霜露滿園的景象，又說起東園裡的蔬菜長得十分茂盛，蘿蔔、芥菜可以說是豐收繁茂。晉代驕奢無度的何曾和自己一樣都只求飽腹，不知何曾何苦非要吃鮮雞肥豚不可？

市面上各種顏色、大小的蘿蔔

白蘿蔔

燈籠紅

紅心蘿蔔

櫻桃蘿蔔

青蘿蔔

3

一碗白米飯　　　　　　一碟白蘿蔔　　　　　　一撮鹽

這是我發明的晶ㄐㄧㄥ飯。

詩人＆美食家　蘇東坡

菜裡有歷史

蘿蔔栽種的歷史幾乎和中國的歷史一樣長。《詩經》中稱蘿蔔爲「菲」，在《爾雅》中則叫它「蘆ㄌㄨ菔ㄈㄨ」。「蘿蔔」這個名字在宋朝時已經出現了，不過那時很多人還是叫它「蘆菔」。在〈撷菜〉這首詩中，詩人蘇軾就提到園子裡種的蘿蔔——蘆菔。

蘿蔔放久會失去水分，運輸水分和營養的管道（維管束）還會變硬。這時候，我們會說這變成「空心蘿蔔」了。

一個蘿蔔一個坑

俗話說：「一個蘿蔔一個坑。」為什麼拔出蘿蔔後，地面會留下一個大坑？因為蘿蔔粗粗的根是貯藏根，要在冬天來臨前儲存足夠多的養分，等到來年一開春才可以供應給花朵，結出種子。很多人以為，蘿蔔整根都長在地下。其實很多蘿蔔有一半都是長在地面上。你會看到綠皮的蘿蔔，那是因為曬到太陽的結果。

為什麼大家討厭蘿蔔？

不愛吃蘿蔔的小朋友，一定很討厭餐桌上出現它。其實，蘿蔔有兩個討人厭的地方：第一，它吃起來是苦的；第二，吃多了容易放屁。不過除了蘿蔔，芥菜、高麗菜、大白菜都有微微的苦味。這是因為生長過程中遇到逆境，因而生成保護自己的特殊化學成分。一般來說，小朋友的味覺比大人靈敏許多，更容易嘗到苦味，所以很多小朋友不愛吃蘿蔔。

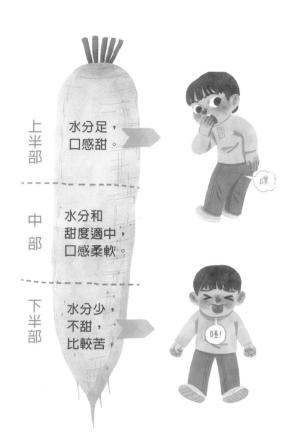

上半部 水分足，
口感甜。

中部 水分和
甜度適中，
口感柔軟。

下半部 水分少，
不甜，
比較苦。

噗

哇！

蘿蔔吃多了
為什麼會放屁？

蘿蔔吃多了會放屁，是因為裡頭的膳食纖維太多了。什麼是膳食纖維？海帶表面黏糊糊的東西就是一種膳食纖維。人類的消化系統無法消化他們，所以吃下後，人體內會產生很多氣體，所以才會一直放屁。吃太多地瓜會屁放個不停，也是一樣的道理。

蘿蔔是十字
花科的植物

胡蘿蔔是繖
形科的植物

蘿蔔從幼苗到成熟，
通常需要 50 ～ 70 天。

觀察蘿蔔花就
知道了，他們
可不是「同科植物」。

6

妙趣小廚房

製作醃蘿蔔

1. 蘿蔔洗乾淨、晾乾。

2. 切條。

5. 半個月後就可以吃到醃蘿蔔了。

3. 把預先煮好的花椒調味料放涼，和蘿蔔一起倒進容器裡。

4. 密封。

大_{ㄉㄚˋ} 白_{ㄅㄞˊ} 菜_{ㄘㄞˋ}

為什麼白菜心好吃？為什麼大白菜放一個冬天都不會壞？

沈長山山莊絕句三首其二

明・鄭明選

蓮花兜上草蟲鳴，

處處村莊白菜生。

賓雁成行如一字，

寇鳧作陣似風聲。

清脆的蟲鳴、蔥翠的白菜、天空中自由翱翔的飛鳥，鄭明選的這首詩勾勒出一幅恬淡的鄉村景色。從「處處村莊白菜生」，就能看出白菜早在四百多年前就已經走進千家萬戶了。據說，北宋大文學家蘇軾甚至認為白菜比羊肉還好吃。

市面上的各種白菜

橘紅心大白菜

玉田白菜

城陽青
大白菜

從西元三世紀開始，白菜家族正式出現在餐桌上。最早的大白菜葉片散開，被稱為「菘」。這個叫法和大詩人陸游的祖父陸佃有關。陸佃是北宋的學問家，他曾說：「菘性凌冬不凋，四時常見，有松之操，故其字會意。」意思是菘菜在寒冬時節都不凋謝，擁有像青松一樣堅毅的品格，所以用「菘」字來取名。聽起來有幾分道理，只是葉片散開的菘菜遠不比包心大白菜耐放。

大白菜的生長過程

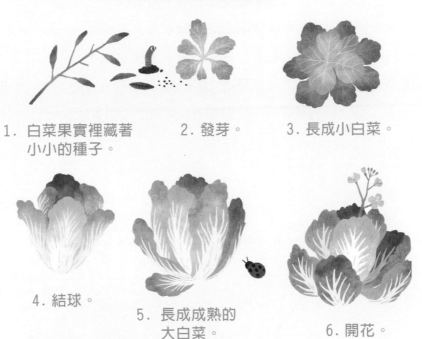

1. 白菜果實裡藏著
小小的種子。

2. 發芽。

3. 長成小白菜。

4. 結球。

5. 長成成熟的
大白菜。

6. 開花。

為什麼白菜心好吃？

大白菜的口感主要由可溶性醣、粗蛋白和粗纖維三個因素決定。前兩種成分越多，吃到的白菜就越鮮甜脆嫩。粗纖維過多，嘗到的就是咬不動的白菜了。從外向內，可溶性醣和粗蛋白的含量會逐漸升高，粗纖維含量則逐漸降低。白菜心好吃的祕密就在這裡。不過，外層白菜葉的維生素 C 含量比較高。

為什麼大白菜放整個冬天都不會壞？

這是因為摘下大白菜時，它還是「活」的。其實我們摘下的部分稱為葉球，就是完整植株除去根之後剩下的部分。葉球中間有正在發育的花蕾。照理說只要溫度和濕度適當，大白菜就能繼續生存下去，自然也就不會腐爛了。當然，還「活」著也有點問題，特別是被切斷的根部，暴露在空氣中會變成褐色。

把大白菜的葉球泡在水裡，會繼續生長開花。

葉球

為什麼有些大白菜吃起來有芥末味？

那是因為大白菜跟芥菜一樣，含有類似的化學物質——異硫氰(ㄑㄧㄢ)酸鹽。在適當的條件下，它會分解產生有芥末味的物質。特別是大白菜沒有完全炒熟時，最容易產生有芥末味的物質。

千萬別吃爛心大白菜

經常發現外表光鮮亮麗的白菜剝開後，白菜心已經腐爛了。這是一種「歐氏桿菌」的細菌引起的。它們可以透過切開的菜根進入大白菜，在內部「搞破壞」。雖然說這種細菌本身沒什麼毒素，卻會把大白菜中的硝酸鹽變成亞硝酸鹽，吃進去就會造成食物中毒。所以，爛心的大白菜還是別吃吧。

爛心大白菜

蓮藕 ㄌㄧㄢˊ ㄡˇ

為什麼掰開蓮藕會看到很多孔？睡蓮和蓮是一樣的嗎？

江 南

漢樂府

江南可採蓮，蓮葉何田田。

魚戲蓮葉間。魚戲蓮葉東，

魚戲蓮葉西，魚戲蓮葉南，

魚戲蓮葉北。

這是一首兩漢時期樂府從民間收集來的詩。意思是江南又到了採蓮的季節，蓮葉浮出水面，密密麻麻。蓮葉下面，魚兒嬉戲玩耍。一會兒在這兒，一會兒又到那兒，說不清究竟在東西還是南北。

菜裡有歷史

中國吃蓮藕飲用的歷史堪稱久遠。在有五千年歷史的仰韶文化遺址中，就出土了蓮子；長沙馬王堆漢墓中還出土了盛放蓮藕的餐盒。中國人不僅愛吃蓮藕，還愛賞荷花。在《詩經》中，就有「山有扶蘇，隰ㄒ有荷華」的描述。相傳在春秋時期，吳王夫差爲了討西施歡心，特地在皇宮中修建了「玩花池」，栽種的都是漂亮的水生植物，荷花自然是其中的明星了。

從西漢到東漢，皇帝們都對荷花很有興趣，皇家園林必有座荷花池。在北宋的都城東京（今河南開封），荷花被搬上大街。工匠們在皇帝專用的御道和行道間，開挖了兩條御溝，溝裡種上荷花供皇帝賞玩。

為什麼蓮藕會有孔？

簡單來說，這些孔是為了「呼吸」。植物生長不僅需要陽光進行光合作用，還需要氧氣進行呼吸作用，就像我們人類需要呼吸一樣。生長在淤泥中的蓮藕很難從環境中獲得氧氣，而蓮藕的孔就是氧氣和二氧化碳的通道，讓淤泥中的蓮藕可以自由呼吸。聰明的廚師會往這些孔塞糯米，做成香噴噴的冰糖糯米藕。

夏藕和冬藕有什麼區別？

不同季節，蓮藕的風味也不一樣。夏藕脆爽清甜，適合生吃；冬藕沙粉軟糯，適合燉煮。製作冰糖糯米藕和排骨蓮藕湯都用冬藕。春夏時節，蓮藕處於活躍生長期，蓮藕中的醣類以蔗糖和果糖形式存在，細胞中更是充滿水分，所以吃起來脆甜。到了秋天，藕節開始儲存過冬的營養，澱粉含量急遽上升，最終變成像山藥、地瓜一樣的「澱粉棒」。

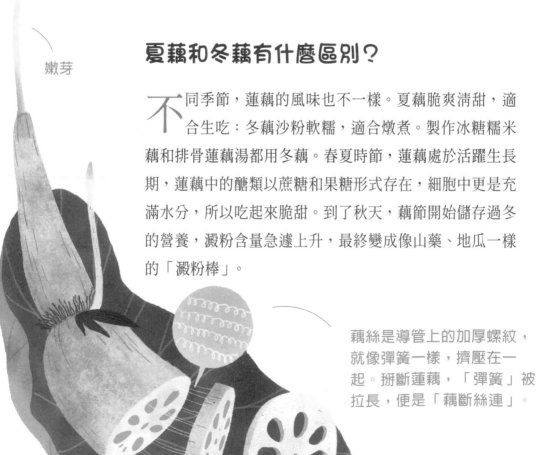

嫩芽

藕絲是導管上的加厚螺紋，就像彈簧一樣，擠壓在一起。掰斷蓮藕，「彈簧」被拉長，便是「藕斷絲連」。

睡蓮雖美，並不一樣

睡蓮和蓮雖然名字很像，但它們根本沒有關係。從葉子的位置來看，蓮的葉子總會高出水面，睡蓮的葉子則總是趴在水面上；蓮花凋謝後會長出蓮蓬，睡蓮的果子則在水下生長。此外，兩者的花朵也不同。蓮花一般是粉色和白色，睡蓮花朵的色彩就豐富多了，有白有紅，有黃有藍。

妙趣小廚房

自製桂花藕粉羹

用紗布包住剁碎的蓮藕，擠出其中的水分。靜置一會兒後，倒掉上層的清水，留住底下沉澱的粉狀物，沖入沸水，純天然的藕粉羹就做好了。再加點桂花乾和糖，美味極了。

蓮的結構

蓮心：蓮心是綠色的，而且很苦，那就是幼小的蓮藕寶寶。

蓮葉：蓮葉正面密布著肉眼看不見的乳突，可以托起、聚合水滴，帶走灰塵，這便是我們常說的「出淤泥而不染」。

花：蓮花在綻放的第一天和第二天晚上會收起花瓣，但是第三天花朵完全綻放後就闔不上了。

葉柄：葉柄上布滿了密密麻麻的小刺。

藕節：一節僅能生出一片葉子、開一朵花。

幼嫩的蓮蓬：蓮蓬由雌蕊和花托構成，雌蕊下部是子房，成功授粉後，它會發育成果實。

蓮蓬是個聚合果，每顆蓮子是單獨的果實。

睡蓮。

蘑ㄇ˙ㄛ 菇ㄍㄨ

世界上最大的蘑菇有多大？年紀最老的蘑菇有多老？
為什麼吃下肚的蘑菇隔天還能再見面？

入京

明・于謙

絹帕麻菇與線香，

本資民用反為殃。

清風兩袖朝天去，

免得閭ㄌㄩˊ閻話短長。

這首詩的大意是絹帕、麻菇、線香這些在地產物本來是老百姓自己要用的，卻被官員們搜括走，導致老百姓生活陷入困境。所以詩人要兩手空空進京去見皇上，免得百姓怨聲載道。這首詩短小、語言質樸，不難看出詩人心繫百姓，不願同流合汙的高尚品質。

菜裡有歷史

很早以前，人類就發現有些蘑菇能吃，《呂氏春秋》中就曾提到「和之美者……越駱之菌」。後來，人們發現了越來越多可以食用的蘑菇。比如，《齊民要術》裡就寫到當時的人們把蘑菇稱為「地雞」，認為從土地裡長出來的蘑菇像雞肉一樣鮮美。隋唐時期已經在種植蘑菇了，唐朝就有人工栽培黑木耳的描述。至於大名鼎鼎的香菇，是在宋代時被聰明的農夫搬進了菜園。

早在一萬三千年前，蘑菇就登上人類的餐桌。科學家在智利的人類遺跡中，發現了蘑菇的痕跡。在古羅馬和希臘人的餐桌上，也都有蘑菇入菜。西元 1600 年，法國人培育出洋菇，這種圓頭圓腦的蘑菇是今日西餐中的主力成員。

2. 菌絲融合：
來自兩個孢子的菌絲融合，形成新的菌絲體。

3. 真菌生長：
新的真菌生長，形成細小的紐結。

1. 孢子著陸：
孢子在土裡扎根，長滿了尖刺。

蘑菇吃起來像肉，嘗起來像魚。不過，人類的腸胃並沒有什麼好方法對付它。所以吃了蘑菇，還會和出現在馬桶裡的蘑菇再碰面。

蘑菇為什麼鮮甜？

蘑菇的鮮味來自其中的麩胺酸和肌苷酸。麩胺酸是味精的主要成分，肌苷酸則出現在雞粉等調味料中。除了鮮味，不同蘑菇的香氣也是各自獨特的識別標誌，像是松茸，就帶有杏仁的香氣。

4. 蘑菇冒出來：
紐結膨脹，形成
小的蘑菇。

5. 蘑菇長大：蘑
菇日漸成長。

6. 散播孢子：
成熟的蘑菇釋
放孢子。

生產孢子
的組織。

蘑菇的菌絲可
以不斷延伸，
產生分枝。

各式各樣的蘑菇

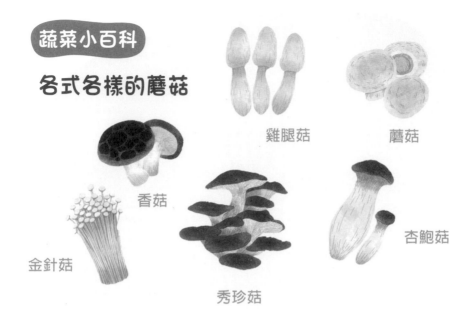

雞腿菇

蘑菇

香菇

金針菇

秀珍菇

杏鮑菇

蘑菇的結構

我們吃的只是蘑菇小小的一部分。那無數細細的菌絲，才是正牌的身體。這些菌絲能分解植物的殘骸，轉化爲蘑菇生長所需的營養。此外，菌絲也是蘑菇拓展生存空間的主要手段。

世界最大的一株真菌是「奧氏蜜環菌」。它占地大約 890 公頃，生長了 2400 年。它巨大的身體就是地下延伸的菌絲。

製作美味的菌油

蘑菇怕熱不怕凍，最好存放在陰涼處。即使凍成了蘑菇冰塊也沒有關係，解凍後再烹調，還是美味。如果吃不完，還可以用油炸成蘑菇乾。在鍋中放入植物油和蘑菇，以小火慢煎，直到蘑菇縮成乾，再予以調味，就成了美味的菌油。拿來拌麵、拌飯、拌涼菜都好吃。

可怕的毒蘑菇

吃下毒蘑菇很危險，如果不及時救治，可是會丟掉一條命的。有種稱為「小美牛肝菌」的蘑菇，誤食會產生幻覺，看到一些奇異的景象，比如拇指大小的小人兒，因此這種病症也稱為「小人國症」。為了一飽口福，人們還自創了一些識別野生毒菇的方法。比如會讓蒜瓣變黑的有毒、鮮豔的有毒等，不過這些方法都不太可靠。

亞稀褶黑菇

毒蠅傘

白毒傘

豹斑鵝膏

注意！這些蘑菇都有毒。

韭菜 ㄐㄧㄡˇ ㄘㄞˋ

韭菜、大蔥、韭蔥……要怎麼清楚分辨？韭黃是韭菜變的嗎？

杏簾在望

清・曹雪芹

杏簾招客飲，在望有山莊。

菱荇ㄒㄧㄥˋ鵝兒水，桑榆燕子梁。

一畦ㄑㄧˊ春韭綠，十里稻花香。

盛世無饑餒ㄋㄟˇ，何須耕織忙。

這首詩出自中國古典文學四大名著之一的《紅樓夢》，寫的是大觀園內的一處景致。詩中對韭菜的描寫非常美，一畦畦韭菜在春風中長得翠綠，一片片稻田散溢著稻花的清香，一切彷彿一幅畫出現在我們眼前。

菜裡有歷史

韭菜在兩千多年前，《詩經》中就有「四之日其蚤，獻羔祭韭」的詩句。可見當時的人在祭祀時就已經使用韭菜了。到了漢代，官府開始在冬季於室內生產韭菜，讓皇家貴族在天寒地凍的日子裡也能吃到新鮮的韭菜。

怎樣去除吃完韭菜的口臭？

韭菜的「化學武器」是其中的含硫化合物。韭菜平常沒有氣味，一旦「受傷」，這些化學物質就會像炸彈爆炸一樣，釋放出濃烈、特殊的辛香味。

韭菜好吃，但是殘留在口腔中的氣味讓人尷尬。要去除這種氣味，最有效的方法就是刷牙。如果無法刷牙，嚼點茶葉、喝點牛奶也可以。不過，以上這些辦法只適用於適量進食韭菜的人。如果你吃了很多韭菜，連打出的嗝都是韭菜味，就算神仙也治不了你的口氣。

哈！

韭菜為什麼會越割越多？

這是因為韭菜有個強大的宿根，芽還有不斷萌發生長的能力。其實，這也是韭菜能在野外生存的祕密之一 —— 被動物啃掉葉片後，隨時會長出新的葉片。

韭黃是韭菜變的嗎？

韭黃的柔嫩跟韭菜差很多。有人說，把韭菜放在昏暗的地方就會變成韭黃。要是這樣做，你只會得到一團爛韭菜。其實，韭黃是韭菜在隔絕光的條件下生長出來的嫩葉。韭菜的根可以儲備養分，所以能暫時脫離光照，長出黃色的韭黃。

韭菜雞蛋餃子好吃極了！

29

韭菜和蔥是近親？

韭蔥，橫切面
厚厚的。

韭菜，橫切面
是平的。

大蒜，葉子比
韭菜葉子寬。

大蔥，橫切面是
厚的空心圓。

青蔥，橫切面
是中空的圓。

韭菜花是韭菜抽高後長出的花苞，把它們收集起來碾碎，就能做成美味的調味料。

製作韭菜花醬

1. 新鮮韭菜花去梗。

2. 用淡鹽水泡洗。

3. 確實晾乾水分。

4. 搗碎後再加一些鹽。

5. 裝瓶密封。

種韭黃的時候，要用這樣的工具遮光。

31

竹筍　ㄓㄨˊ　ㄙㄨㄣˇ

為什麼竹筍長得那麼快？你知道怎麼挖竹筍嗎？

食筍（節選）

宋・張耒　ㄌㄟˇ

荒林春足雨，

新筍迸龍雛。

鄰叟勤致饋，

老人欣付廚。

張耒是北宋時期的文學家，也是大文豪蘇軾的學生。成語「雨後春筍」就出自他寫的〈食筍〉前兩句。意思是說荒棄的林子裡雨水充足，新鮮的春筍一下子就大量生長。現在，「雨後春筍」通常用來比喻新生事物迅速大量地湧現。

竹筍尖部最鮮嫩甜美，爽脆可口。

竹筍中部較為鮮嫩，口感尚佳。

竹筍根部多有粗硬的纖維，口感差。

33

製作油燜筍

為了讓竹筍快速生長，竹子在竹筍裡儲備了很多營養，所以竹筍才會鮮甜無比。不管用炒的、用燉的，或是曬成筍乾，都很好吃。不過要小心，竹筍一定要煮熟再吃，因為生竹筍吃了會讓嘴巴麻麻的。

1. 剝掉新鮮的春筍外皮後洗淨。

2. 用刀拍一下春筍，切成小段。

3. 用油把筍段煸炒到略微透亮。

4. 加入鹽、糖、醬油和適量的水，燉到湯汁收乾。

蘇軾說：「寧可食無肉，不可居無竹。」中國古人不僅愛竹子的氣節，也愛吃筍。

古籍中竹萌、竹胎、竹芽、箭苗等都是筍的別稱。而且，古人也很會烹筍，鮮食、醃漬、乾藏都是常見的做法。《詩經》中有「筍菹ㄐㄩ魚醢ㄏㄞˇ」的說法，指的是醃製的筍和魚肉醬。說明在兩千多年前，我們的祖先就已經會醃製竹筍了。

江南地區的人們會把筍子埋在甜糟中，吃起來也是別有風味。晉代戴凱之在《竹譜》中記載：「其筍未出時，掘取以甜糟藏之，極甘脆。」可見連儲藏竹筍的方法都有了。

吃竹筍為什麼容易餓？

常覺得吃了竹筍後餓得快，這是因為竹筍無法提供太多能量，其中的膳食纖維會促進腸胃蠕動。一旦腸胃開始努力工作，大腦就會收到「肚子裡沒食物了，快點吃東西啊！」的訊號，於是就覺得餓了。

不同的竹筍

甜龍筍

甜龍筍來自甜龍竹。這種竹子可以長到 20 公尺高，竹節可以做小桶。甜龍筍也非常大，一個就有 2.5 至 3 公斤，不僅甜味和鮮味十足，食用時也不需要做太多處理。

方竹筍

方竹筍有明顯的苦味，跟火腿等油膩食物一起烹飪，就是絕配。方竹的竹節上長滿了尖刺，非常好認。

孟宗筍

孟宗竹是不僅可以長出竹筍，還可以用於建築和造紙，也是製作筷子的主要材料之一。孟宗竹是冬筍的重要來源，「醃篤鮮」這道菜更是少不了孟宗筍。

桂竹筍

桂竹筍是一種重要的春筍，筍肉脆嫩，味道鮮甜，帶來春天的幸福滋味。

麻竹筍

這種竹筍中含有較多的氰化物，如果直接啃，嘴巴會發麻，所以得名麻竹筍。

竹筍為什麼長得這麼快？

據說，竹子長得很快時，甚至能聽見拔節的聲音。竹子在飛速長大的同時，細胞中也快速積累木質素和纖維素，就是這些東西讓拔節的竹筍成了硬邦邦的竹竿。

竹筍被挖出來之後，非但不會停止變硬的過程，反而會加快。因為竹筍的斷面暴露在空氣中，讓木質素增加的兩種酶活性都提高了，加快了變成竹竿的過程。選擇竹筍時，稍稍掐一下筍子的末端，如果已經變硬，就選別塊吧。

怎麼挖竹筍？

挖竹筍很需要技巧，注意採挖時要順著竹子的地下莖，不要破壞它，也不要挖壞筍。

鋤頭和砍柴刀都是常用的挖筍工具。

多虧了竹子的地下莖，竹子才能不斷擴張地盤。

香椿 ㄒㄧㄤ ㄔㄨㄣ

香椿為什麼那麼香？香椿芽為什麼是紅色的？
該怎麼清楚分辨香椿和臭椿？

堂上椿萱夸並茂，

壺中日月慶雙輝。

這是一副對聯，用於祝賀父母健康長壽。「椿萱」用以代稱父母。現在用「椿萱並茂」這個成語，比喻父母都健在。

與香椿相關的文字記載可以追溯到春秋戰國時期。當時香椿還不叫香椿，《尚書》裡稱它「杶（ㄔㄨㄣˊ）」；《左傳》中叫「梼（ㄔㄡˊ）」；《山海經》裡則用了個新名字「櫄（ㄔㄨㄣ）」。可以想見香椿早就已經深入人們的生活了。

香椿的特殊味道來自其中特別的揮發性物質，尤其是裡頭的石竹烯，擁有一種混合柑橘、樟腦和丁香的香氣。除了特殊的香味，香椿還有種特殊的鮮味。這是因為香椿中含有不少麩胺酸，再搭配上雞蛋中的核苷酸，兩者鮮味結合就會產生「一加一大於二」的效果，讓香椿煎蛋成了春天必嘗的一道菜。

果實

花和花序

嫩芽

迷人的香椿味

香椿的嫩芽是紅色的。這能發揮兩種功效：一是替自己抹上「防曬乳」；二是警告動物，這葉子味道可不好，別打它的主意。可是人類偏偏喜歡香椿這種特殊的味道。

種樹不只為吃芽

香椿樹的樹齡很長，所以用「椿齡」來形容長壽。可是，古老的香椿樹卻不多見，大概是因為它樹幹筆直、木質堅硬，不僅可以用來製作家具，還可以製作槳、櫓等船舶用品。

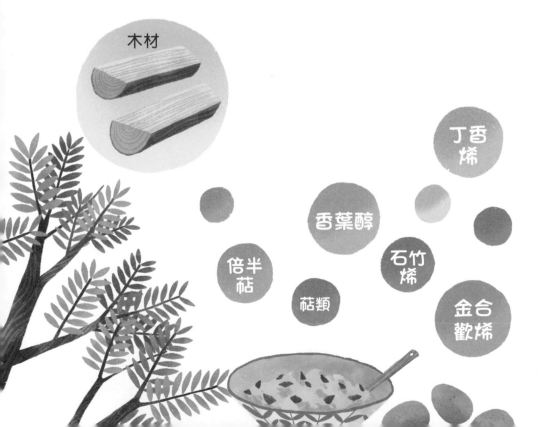

木材

丁香烯

香葉醇

石竹烯

倍半萜

萜類

金合歡烯

香椿爛了就別吃

小心！如果香椿腐爛變質，就要盡快丟棄。因為細菌會將其中的硝酸鹽轉化為亞硝酸鹽，吃下肚就有可能中毒。所以，就別為丟棄那一丁點香椿心疼了。

你能分辨香椿和臭椿嗎？

香椿與臭椿長得非常像。不僅都有一樣挺直的樹幹、一樣的羽狀複葉，乍看還真難分得清楚。不過，開花結果時，就會完全暴露臭椿的身分了。臭椿的果子是帶翅膀的翅果，會隨風飄蕩到城市的每個角落；香椿的果子更像一朵美麗的花，雖然裡面裝著很多種子，能長成樹的種子卻寥寥無幾。臭椿的葉子是奇數羽狀複葉，但是最頂端的葉子常常脫落，看起來和香椿的偶數羽狀複葉相似。

香椿花　　　　　　　　　　臭椿花

香椿葉　　　　　香椿果　　　　　臭椿葉　　　　　臭椿果

香椿的吃法

香椿每年的生長時間有限，想多吃一點，吃久一點，可以參考醃香椿和油漬香椿兩種不同的做法。

醃香椿

1. 摘去新鮮香椿的老梗，泡洗乾淨。
2. 晾乾後切成小段，放到容器裡撒鹽醃兩天。
3. 捏乾晾曬一、兩天，水分收乾就完成了。

油漬香椿

1. 洗淨新鮮的香椿，晾乾水分後再細細切碎。
2. 鍋裡倒油，放些八角炸出香味，再倒入切碎的香椿翻炒。

3. 等香椿稍微變色後就關火。
4. 涼透後裝瓶，再密封保存。

油漬香椿

水芹 ㄕㄨㄟˇ ㄑㄧㄣˊ

你喜歡芹菜的香味嗎？西芹、香芹都是什麼芹？

魯頌·泮水 （節選）

先秦·佚名

思樂泮ㄆㄢˋ水，薄采其芹。

魯侯戾止，言觀其旂ㄑㄧˊ。

其旂茷ㄈㄚˊ茷，鸞聲噦ㄏㄨㄟˋ噦。

無小無大，從公於邁。

44

這幾句節選自《詩經》，敍述魯侯前往泮水的情形。魯侯駕到，遠遠看見旗幟儀仗，車駕鈴聲悅耳動聽。無論是平民還是貴族，都跟著魯侯的儀仗前行。開頭兩句是指魯侯興高采烈地趕赴泮宮水濱，採擷水芹荼以備大典之用。春秋戰國時期，人們居住在天然水域附近，因為灌溉作物才能保證糧食生產無虞，生長在水畔的各種植物自然倍受關注。

水芹

仔細看水芹白色的小花，還挺漂亮的！

水芹是原生的芹菜，與毒芹長得很像，但毒芹是有毒的。現在有專門栽培食用的水芹，可以放心吃。旱芹、西芹等則是從國外引進。早在西元前八世紀末，古希臘史詩《奧德賽》（*Odyssey*）中就有對芹菜這種香草的記述了。三千多年前，古埃及法老圖坦卡門的陵墓裡也出現了芹菜的身影。據說，芹菜葉一度還被當成月桂葉的替代品，裝飾在冠軍的桂冠上。

水芹和毒芹的花都是繖形花序，只有葉子些微不同。

毒芹

旱芹

這種最常見的芹菜歷史相當悠久。在西元十世紀時，中國就開始廣泛種植「西洋旱芹」，因此得名旱芹。不過，習慣熟食的中國人並不介意芹菜的氣味。直到今天，這種芹菜還有濃烈的味道，被冠以「藥芹菜」之名。

旱芹

西芹

西芹葉柄肥厚，纖維比旱芹少，並且是實心的，每棵的重量可達 1 公斤以上。西芹脆嫩多汁，不管是生拌還是清炒，都是一道好菜。不過，西芹的生長期比較長，所以身價也比兩個月就能採收的旱芹要高。

西芹

香芹

眞正的香芹葉柄是綠色的，就像放大版的芫荽，也就是西餐食譜中常看到的歐芹（歐芹的葉子經常出現在擺盤裝飾中）。至於那些白色的「香芹」，實際上是旱芹或西芹的變種，因爲葉柄中的葉綠素退化，才長成了一副雪白的模樣。在中國西南地區吃到的白色「香芹」，多半就是這些擁有白色葉柄的旱芹。

香芹

芫荽

根芹菜

根芹菜在市場上並不常見，主要生長在歐洲中部和南部。根看起來有馬鈴薯那麼大，根和莖常用來熬煮高湯，也可以打成泥、烘烤，搭配蘋果和堅果製成沙拉，或成爲炸肉排的替代品。

根芹菜

芹菜的吃法

不 管是西芹或旱芹，吃的主要是葉柄，而水芹則是莖。

芹 菜有種特殊的氣味，愛者極愛，惡者極惡，跟香菜的味道有幾分相似。沒辦法，它們都身為繖形科植物，都含有豐富的萜 烯 類物質，增加了幾分柑橘和松香的滋味，也阻擋一群人吃它。水芹兼具香味和脆嫩的口感，完全沒有惱人、塞牙縫的「筋」，可以大口大口地吃，吃得酣暢淋漓。

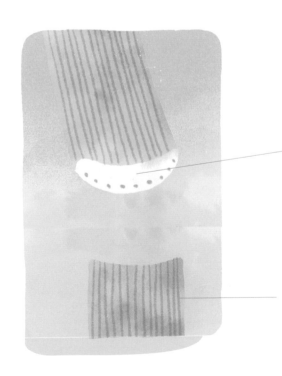

西芹和旱芹的可食用部位是葉柄。

芹菜莖的橫截面，切開可見維管束，這就是吃芹菜時吃到的那種「筋」。

慈ㄘˊ姑ㄍㄨ

慈姑有怎樣的「本領」？不同品種的慈姑口感會一樣嗎？

發淮安

明．楊士奇

岸蓼ㄌㄧㄠˇ疏紅水荇青，

茨菰花白小如萍。

雙鬟短袖慚人見，

背立船頭自採菱。

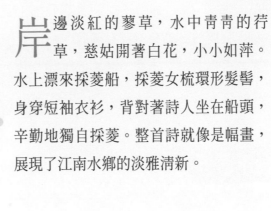

岸邊淡紅的蓼草，水中青青的荇草，慈姑開著白花，小小如萍。水上漂來採菱船，採菱女梳環形髮髻，身穿短袖衣衫，背對著詩人坐在船頭，辛勤地獨自採菱。整首詩就像是幅畫，展現了江南水鄉的淡雅清新。

51

慈姑最早的相關紀錄出現在南北朝時期的《名醫別錄》，書中稱爲「烏芋」。當時的製作方法也很特別——「三月三日採根，曝乾」。這種做法怎麼看都像加工藥材，而不是料理方式。而當時被稱爲烏芋的還有荸薺，可能是因爲這兩種植物的球莖上都長著小尾巴。不過，慈姑的葉如三角，荸薺的葉似禾草，也不難分辨。

讓汙水變好水

作爲一種水田沼澤植物，慈姑的生長環境與水稻基本上是一樣的。換句話說，所有水稻田都是慈姑生長的樂土，但慈姑自然也會搶奪水稻的營養，導致它成了讓人苦惱的雜草。當然，慈姑並不是只會給人類找麻煩。它可以高效吸收濕地水中的氮、磷、鉀等元素，相當於一台淨水器。如果說濕地是「地球之腎」，慈姑可說是這顆腎臟裡重要的「細胞」呢！

磷　鉛　氮　鎘　鉀

「吃」重金屬的傢伙

慈姑還很喜歡「吃」各種重金屬，尤其是鉛和鎘。它能高效吸收鉛和鎘，可以有效清除水體和淤泥中的重金屬元素，幫助修復被汙染的水和土壤。但這也導致慈姑本身的重金屬含量容易超標。所以，吃慈姑要特別小心。

除了慈姑，挺水植物蘆葦、香蒲，浮葉植物睡蓮，以及沉水植物伊樂藻，也都有很好的淨水能力。

睡蓮　　蘆葦　　香蒲　　伊樂藻

蘇州黃

阻礙蛋白質吸收的「敵人」

慈姑中的蛋白酶抑制劑會影響動物體內的蛋白酶活動，阻礙動物對蛋白質的分解和吸收。輕則導致消化不良，重則影響生長發育。因此，認識到慈姑厲害的動物，就不會對它有非分之想了。

想要好吃，選對品種

不同品種的慈姑，澱粉的組成也不一樣，所以口感也有差別。澱粉含量高的慈姑口感糊糊的，支鏈澱粉含量高的慈姑口感則很軟糯（糯米比較黏也是因為支鏈澱粉含量高）。一般來說，紫色外皮的品種（如紫金星和紫圓）的支鏈澱粉含量，都高於黃色外皮的品種。如果你喜歡軟糯的口感，選擇紫皮的慈姑準不會錯。

南寧白慈

刮老烏

慈姑的吃法

油炸慈姑，將慈姑切薄片下油鍋炸熟，再撒上椒鹽，就成了唰嘴的零食。

慈姑炒肉片，把春天新鮮的慈姑切片，與肉片一起炒熟，吃起來就是滿滿的春日江南味。

慈姑長著黃白色或青白色的球莖，頂端有肥大的頂芽。慈姑的球莖內富含澱粉，但是口感不如馬鈴薯，還略帶一點苦味。

必須煮熟才能吃的食物

還有很多豆類，如豇豆、大豆和綠豆，也含有蛋白酶抑制劑。要對付這些「武器」並不難，因為它們通常都不耐高溫，只要長時間高溫烹調，就可以有效降低中毒的風險。所以要安全享用美食，就一定要把食材煮熟。

芋頭 ㄩˋ ㄊㄡˊ

芋頭中黏黏糊糊的汁液，能麻人口舌，癢人四肢。
人類是怎麼馴服它的呢？

南鄰

唐‧杜甫

錦里先生烏角巾，園收芋栗未全貧。

慣看賓客兒童喜，得食階除鳥雀馴。

秋水才深四五尺，野航恰受兩三人。

白沙翠竹江村暮，相對柴門月色新。

這首詩是唐代大詩人杜甫在成都時所作。在成都，杜甫過著一生中爲數不長的安定生活。離杜甫草堂不遠，有位錦里先生——朱山人，被杜甫稱爲「南鄰」。他在家裡的庭園種了一些芋頭和栗子。常有賓客往來的朱山人，某次邀請杜甫作客，送他出門時天色已晚，江邊的白沙灘、翠綠的竹林漸漸籠罩在夜色中，一輪明月剛剛升起。回去後，杜甫寫了這首歲月靜好的詩。

芋頭是土生土長的植物，圓鼓鼓的球莖中塞滿了澱粉，也是台灣原住民重要的作物之一。芋頭的葉和花都能做成美食，只不過一定要煮熟，不然可是會讓食客的嘴唇變「香腸」。

「芋」我所欲

芋頭圓鼓鼓的球莖中塞滿了澱粉，人們自然不會放過這種高澱粉、高熱量的食物。雖說比不上小麥、水稻、玉米這些穀物界的大咖，但是芋頭確實為不少人提供了維持生命所需的碳水化合物。《史記》中曾這樣描述芋頭：「岷山之下，野有蹲鴟，至死不饑。」這裡的「蹲鴟」從字面上看，是蹲伏的鴟，實際上指的是像「蹲鴟」一樣的大芋頭。哇！芋頭長得像大鳥，都可以讓人至死不饑了。如此看來，芋頭在古人眼裡一定是寶貝了。

麻舌頭的「祕密武器」

不管長什麼樣，芋頭中都有黏黏糊糊的汁液，能「麻人口舌，癢人四肢」。芋頭讓人發癢的「祕密武器」是什麼呢？就是汁液中的草酸鈣針晶。芋頭中的草酸鈣會形成針狀的晶體，正是這些晶體刺激我們的皮膚和各種黏膜，引起瘙癢甚至水腫。諸多證據顯示，吃鳳梨時舌頭會刺刺的，也是因爲含有草酸鈣針晶。

草酸鈣
針晶

多彩的芋頭

有白芋頭、紫芋頭，還有紫白相間的檳榔芋。這些紫色都來自於花青素。如果用紫色芋頭製作甜品，務必避免使用鹼，否則花青素在鹼性作用下會變成墨藍色，讓人大倒胃口。

各式各樣的芋頭

魁芋

沒有子芋頭，只有一個碩大的母芋頭，以荔浦芋頭和檳榔芋頭為代表。

多頭芋

子芋頭和母芋頭長得都一樣。狗蹄芋是其中的代表。

多子芋

子芋頭比母芋頭好吃，代表品種有赤芽芋、狗蹄芋等。

吃花的雲
南紅芋

嘗嘗芋頭花

除去危險部位後，芋頭花就成了美味的食材。用熱油爆香蔥絲與薑絲，把處理好的芋頭花切成段，然後和切成條狀的茄子一起下鍋炒。等它們都變軟了，就可以盛出來，裝盤上鍋蒸煮。蒸好的芋頭花軟糯可口，是一道美味的下飯菜。

繁殖不用花

你可能會問：「把花吃了，怎麼繁殖小芋頭呢？」別擔心，芋頭有強大的複製能力。也就是說，春天種下一顆芋頭，秋天就能收成不少芋頭。這樣的繁殖方式跟馬鈴薯有幾分相似。

山ㄕㄢ 藥ㄧㄠˋ

山藥豆是山藥的果實嗎？為什麼摸了山藥會覺得癢癢的？

過野叟居

唐・馬戴

野人閒種樹，樹老野人前。

居止白雲內，漁樵滄海邊。

呼兒採山藥，放犢飲溪泉。

自著養生論，無煩憂暮年。

晚唐詩人馬戴在詩中描繪了一種非常閒適的生活。林中居住的老人，在門前種著大樹。他住在幽靜的山間，在海邊捕魚。呼喚孩兒去採山藥，牽著小牛到溪邊飲水。老人很會養生，因此也不會為晚年擔憂。

山藥是中國最古老的食物之一。與山藥相關的記載最早出現在《山海經》中，當時它的名字還是「藷藇」。南北朝時期就開始種植山藥了。之後，山藥家族不斷壯大，有圓棒狀的棒山藥，還有長棍模樣的長山藥。在古代，山藥被視為重要的雜糧，吃了可以填飽肚子。在《救荒本草》中有這樣的描述：「救饑，掘取根，蒸食甚美。」看來，作者朱橚也是一個喜歡吃山藥的人。

非洲也有一種山藥，叫作非洲薯蕷，是目前世界上栽培面積最大的山藥品種。非洲薯蕷的原產地在非洲，目前的主產地也是在非洲，只是隨著各種貿易，逐漸擴張到了美洲等地。

山藥家族

山藥家族家大業大。在各地栽培的過程中，產生了不同形態的變種，包括棒山藥和長山藥。棒山藥塊根呈現比較粗壯的圓棒狀或團塊狀。長山藥的外表大家就很熟悉了——棕色的外皮，包裹著筆直的塊根，能夠深入地下一公尺之多。除了山藥，它的兄弟物種——參薯，也是人們喜愛的食物。有些參薯的塊莖長得像手掌，被稱為「佛掌薯」。但是在產地，大家更喜歡叫它「腳板薯」，這個名字也較為人所知。

佛掌薯

棒山藥

長山藥

切開的
山藥

山藥豆不是豆

每年秋冬，山藥剛剛上市的時候，攤位上會出現一種圓溜溜被稱爲「山藥豆」的東西。它既不是山藥的果實，也不是沒長大的塊根，而是山藥的零餘子。它就長在山藥藤上，沒有泥土覆蓋。

這些零餘子是另類的種子，成熟落地就可以萌發長出一棵棵完整的山藥植株，就像孫悟空用毫毛變成的猴兵。

山藥藤

山藥豆

種植山藥和種豆角一樣要搭起藤架。

為了保證不斷裂，挖山藥時要「挖地三尺」，然後小心翼翼地取出來。

65

黃獨

很容易區分黃獨與山藥。山藥的葉子很獨特，在基部有兩個鼓出的半圓形，先端則是一個箭頭；黃獨的葉子則是標準的心形。然而這個心形葉可不含「愛心」，黃獨中的黃獨素會讓人中毒，嚴重時還可能導致死亡。

薯莨ㄌㄧㄤ˙龐大的塊根看起來像芋頭。內含大量單寧，多用來做皮革、魚網、繩索，以及布料的染料。單寧再加上其中的一些生物鹼，讓薯莨完全吃不得。薯莨和山藥在葉子上也有差別，雖然兩者的長度接近，但是薯莨的葉片基部沒有向外突出。同時，薯莨還有強烈的苦澀味，碰到這樣的「山藥」，盡量別吃就對了。

薯莨

為什麼摸了山藥會很癢？

山藥是一種黏糊糊的蔬菜，削開皮，就會有像膠水一樣黏糊糊的汁液流出來。小心！這些汁液要是沾到手上就會癢得不得了。不過別擔心，山藥煮熟之後就會變成安全的美食，不會讓舌頭也發癢。

接觸生山藥後會感覺刺癢，不管怎麼洗都癢得不得了。這是因為山藥的黏液中含有一些特殊的蛋白質和薯蕷皂苷，會引起過敏。輕則癢痛，重則傷害皮膚。山藥的根莖是儲存營養物質的倉庫，這麼重要的部位，自然要做好防禦，不然都進動物的肚子了。

聰明的人類很早就發現了對付山藥的方法，就是長時間加熱。在加熱的過程中，怕熱的蛋白質和薯蕷皂苷會被分解。所以，吃山藥一定要吃煮熟的。

薯蕷皂苷

芡（ㄑㄧㄢˋ）實（ㄕˊ）

芡實長得像雞頭？它和睡蓮其實是一家？

六月二十七日望湖樓醉書五首其三

宋・蘇軾

烏菱白芡不論錢，

亂系青菰（ㄍㄨ）裹綠盤。

忽憶嘗新會靈觀，

滯留江海得加餐。

這是蘇軾在杭州擔任通判時的作品之一。在六月二十七日這天，他遊覽西湖，再到望湖樓上喝酒，寫下了五首絕句，這是其中一首。黑色的菱角、白色的芡實在這裡很常見。青色的茭白葉子凌亂，它的籽就像被裹進綠盤。詩人突然想起上次在京城道觀裡嘗鮮，現在卻滯留在鄉野之中，覺得更應該加餐保重身體。詩人以野生植物自比，表明自己外放杭州、遠離朝廷的境遇。

水雉

這種鳥經常在芡實的葉子上活動，甚至會在葉子上築巢、孵蛋、養育寶寶。

人類非常會利用自然資源，特別是在吃這件事上。即便是藏身水中的果子，也會發現它的價值。大約一千五百年前，《齊民要術》中就記載了芡實被馴化的歷史。這大概是因為在歷史上，人們能吃飽飯的時間非常短暫。王朝的更迭和氣候的變遷，讓大眾不得不去尋找各種看似匪夷所思但可以保命的食材。

蔬菜小百科

澱粉球也彈牙

要想獲得好吃的芡實並不容易，首先要把那些圓溜溜的種子從果子裡面剝出來。在黏膩膩的果皮之中剝取種子，那種感覺還真像尋寶。找到寶物之後還不算結束，每粒小種子還有一層厚厚的外殼。完整的芡實種子能帶來軟糯彈牙的口感。吃起來之所以這麼特別，還是跟它的主要成分是澱粉和蛋白質有關，這兩者含量的比例，與麥粒和稻穀中的比例有幾分相似。其中的澱粉是粉糯質地的來源，蛋白質則提供了彈牙的口感。

勾芡的科學

芡實的種子中含有大量澱粉，可以用來製作烹飪所需要勾芡的芡粉。這種烹調方法就是讓澱粉在高溫下變成黏糊糊的芡汁，融合不同的味道。當然，現在廚房更常使用馬鈴薯粉、玉米澱粉、綠豆澱粉等來勾芡。

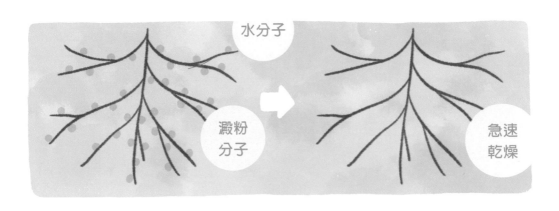

芡實又稱為「雞頭米」，這跟果子有關。成熟的芡實果子長成了一個雞頭的模樣，大大的身子像雞腦袋，尖尖上的花萼像雞嘴巴。

睡蓮家的成員

如果不細看芡實的植株，很容易把它誤認為迷你版的睡蓮——漂在水上的圓葉，略高出水面的藍紫色花朵，怎麼看都是睡蓮。芡實確實是睡蓮科的成員，只不過它自成一屬。芡實的生命力頑強，大江南北都有它的身影。

南芡和北芡

芡實分為南芡和北芡，主要區別在於花朵和果實的形狀。北芡的果實有著一根根「兇神惡煞」的刺，渾身都是硬刺，讓人很難親近；南芡的果子則「溫和」很多，圓滾滾的就像幼童玩的小皮球，只不過這些小皮球不是空心的，而是裝滿了種子。

好吃的芡實

在北方，很難吃到新鮮的芡實，但是烹調乾的芡實又很費事，該怎麼辦？可以一次多泡些，一夜之後再用高壓鍋煮二十分鐘左右。軟熟的芡實可以用來煮糖水、配八寶粥了。吃不完的芡實瀝乾水分後，裝進保鮮容器，放到冰箱冷凍。想吃的時候，無須解凍，拿出來就可以煮，一樣好吃。

1. 剝芡實

第一道程序是把芡實從果實中剝離出來。北芡表面有刺，所以要先用棍子把裡頭的芡實一粒粒壓出來；南芡的果實表皮光滑，直接用手剝就行了。

2. 去皮

把這些剝出來的芡實洗乾淨，用一種像鷹嘴的特殊金屬工具剝去芡實的皮，這些才是真正可以食用的部分。

菱 ㄌㄥˊ 角 ㄐㄧㄠˇ

菱角到底有幾個角？菱角是堅果嗎？

斜 徑

宋・王安石

斜徑偶穿南埭ㄉㄞˋ路，

數家遙對北山岑。

草頭蛺蝶黃花晚，

菱角蜻蜓翠蔓深。

這首詩是王安石寓居南京半山園時所寫的，描述半山園附近的景色。前兩句寫曲折不平的小路，面山而居的農家，一幅山野景色，彷彿水墨畫的留白一般。後兩句將鏡頭拉近，寫蝴蝶在野花叢中飛舞、蜻蜓在翠綠幽深的菱角田間穿梭飛行的景象。可見詩人心境淡泊，興致盎然。

浮水葉

菱角

沉水葉

春秋時期就有種植菱角的紀錄。蘇州有座菱湖，據說吳王曾經派專人在這湖裡種植菱角，因此得名。

菱角的長相千奇百怪，有的像牛頭，有的像錢包。不過，它們有一點是相同的——都有長長的角。煮熟的菱角吃起來甜甜的，像板栗。有人喜歡把吃乾淨的菱角殼套在手指上，假裝成怪獸的爪子。

樣子多變的菱角

菱角的果實樣子多變，果皮顏色有紅有青。根據果實長角的數量，可分為四角菱、兩角菱和無角菱。出現在民歌〈採紅菱〉當中的，就是一種四角水紅菱。

菱角是堅果嗎？

說到「堅果」，可能首先想到的是花生、杏仁等。但是，植物學家說的堅果與商人說的堅果並不一樣。植物學家的堅果是指果皮堅硬，而且成熟時果皮不裂開的果實。

菱角是一種不開裂的蒴果。零食商人的堅果，指的是那些有堅硬外殼和油性果仁的果實或種子。松子是裸子植物的種子，並不是果實；生產杏仁的杏有厚實的果皮，它就是核果。當然，這兩種說法也有統一的時候。比如榛果和栗子，它們既是植物學家說的堅果，也是零食中的堅果。

同一株植物可以長出不同的葉子嗎？

菱角是典型的水生植物。它有兩種類型的葉片，沉水葉像絲線，可以吸收水中的二氧化碳和其他養分；浮水葉就是菱形或橢圓形的葉片，可以吸收陽光進行光合作用。二型葉在植物界廣泛存在，比如常見的圓柏就有兩種類型的葉片——刺狀葉和鱗狀葉。植株高處的葉子都是鱗狀葉，可以減少水分蒸發；靠近地面則都是刺狀葉，可以避免動物侵擾。

水八仙

在河網縱橫的江南水鄉，水生植物是重要的食物來源。茭白、蓮藕、水芹、芡實（雞頭米）、慈姑、荸薺、蓴菜、菱，這八種水生植物不是有鮮嫩的莖葉，就是有厚實的根莖，不然就是有營養豐富的果實，因此成了江南餐桌上不可或缺的美味佳餚。這八種植物也並稱「水八仙」。

菱的花朵很小，開花的時候，花朵會伸出水面。等到花朵成功授粉，它就會沉入水中，果子就在水面下生長了。這點倒是像極了睡蓮和芡實。

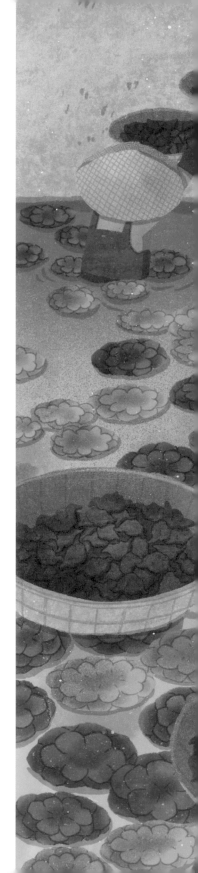

採菱角的場景

79

荸ㄅㄧˊ 薺ㄑㄧˊ

荸薺這個名字就夠奇怪的了，竟然還叫作馬蹄？

野飲（節選）

宋・陸游

溪橋有孤店，

村酒亦可酌。

鳧ㄈㄨˊ茈ㄘˊ小甑ㄗㄥˋ炊，

丹柿青篾ㄇㄧㄝˋ絡。

詩人陸游踏著春雨出行，在溪橋這個地方遇到一家酒店，店裡販售的酒喝起來味道尚可。詩裡的「鳧茈」，就是今天稱為荸薺的植物。

荸薺還有個名字叫馬蹄。這種長得像果子的東西其實並不是果子，而是塊莖。不長在空中，而是藏在淤泥裡。

荸薺是原產於南方的一種植物。很久以前，人們就會採集這種植物的塊莖來吃。

荸薺有很多名字，在《爾雅》中，它的名字是「芍」；在《齊民要術》中，它叫作「鳧花」。荸薺和慈姑經常混生在水田裡，古人也老是把這兩種植物搞混，所以一些古書裡也把荸薺稱為「茨菇」。到了宋代，荸薺有了新名字——荸臍。這大概是因為荸薺根與塊莖連接的樣子，就跟臍帶與肚臍連接一樣。到了明代，科學家徐光啟在《農政全書》中稱它為「荸薺」。

荸薺的
花序

荸薺和慈姑是「親戚」？

荸薺的可食用部位是塊莖。它的長相與慈姑非常相似，但是兩者的親緣關係相去甚遠。之所以「撞臉」，是因爲它們都生活在淺水沼澤之中。相同的生活環境讓不同的植物有了類似的長相，這種現象叫趨同演化。

典型的例子就是：生活在大海裡的鯊魚和海豚模樣相似。雖然一個是魚，一個是哺乳動物，但是都在大海裡暢遊捕獵，所以模樣相似也就不奇怪了。

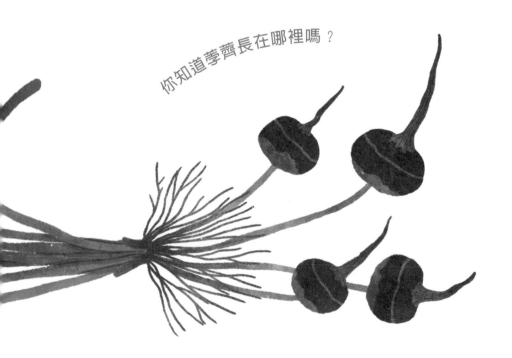

你知道荸薺長在哪裡嗎？

小心寄生蟲

荸薺本身雖然沒有毒性，可以生吃，但是外皮可能會沾染病菌和寄生蟲，特別是一種叫薑片蟲的寄生蟲。所以生吃荸薺不如煮熟吃來得安全。如果因爲特殊情況要生吃，一定要徹底清除荸薺的芽眼和外皮，否則容易導致薑片蟲的蟲卵進入人體的腸道內寄生。

塊莖和塊根的區別

塊莖和塊根的不同，就在於塊莖上有固定的芽。馬鈴薯的芽總是會從那些固定的芽眼冒出來，但是番薯就不一樣了。番薯的塊根也可以發芽，只是出芽的位置毫無章法。所以，馬鈴薯是塊莖，番薯則是塊根。蕪菁既不是塊根，也不是塊莖，而是貯藏直根。

塊莖：馬鈴薯、芋頭、山藥。
塊根：番薯、紅蘿蔔。

蕪菁　　　　　　　馬鈴薯

製作鮮香甜的馬蹄糕

荸薺製成的「馬蹄粉」是著名小吃馬蹄糕的主要原料。

1. 馬蹄粉加水攪拌至沒有粉粒，製成生粉漿。

2. 馬蹄肉切粒，放入生粉漿中，拌匀。

3. 砂糖炒至金黃色加水，煮至砂糖溶化，製成糖水。

4. 把熱糖水加入生粉漿中，攪拌均匀，製成馬蹄粉漿。

5. 在蒸皿底部刷上一層油，防止黏底。

6. 把馬蹄漿倒入蒸皿中，抹平。

7. 大火蒸約四十分鐘，放涼後切塊。

葫蘆 ㄏㄨˊ ㄌㄨˊ

一株葫蘆能結果嗎？為什麼葫蘆在中國非常受歡迎？

照葫蘆畫瓢

這句成語出自宋朝魏泰創作的文言逸事小說《東軒筆錄》第一卷。宋朝初年，翰林學士陶穀自以爲文筆高超、才能出衆，想好好表現一下以求升職，於是勸宋太祖趙匡胤重視文字工作。宋太祖卻認爲他的工作只是抄寫而已，說是依樣畫葫蘆。現在，這句成語比喻照樣子模仿。

在人類會自己製作瓶瓶罐罐之前，葫蘆是好用的天然容器。可以裝酒、裝油、裝豆子……葫蘆的栽培歷史相當悠久，早在兩千多年前，人工栽培的葫蘆就已經是房前屋後的常客了。不過，雖然有數千年的葫蘆栽培和使用歷史，卻沒有野生葫蘆。的葫蘆究竟從何而來，也成了謎題。

蔬菜小百科

一株葫蘆不結果？

葫蘆小時候是長在藤蔓上的。如果你在陽台上種了一株葫蘆，那是絕對不會有小葫蘆的。葫蘆藤上有兩種花，一種是只提供花粉的雄花，還有一種是提供胚珠結果的雌花。這是為了避免近親繁殖。就像人類的近親繁殖會帶來遺傳病、體質孱弱等問題，植物也害怕近親繁殖。葫蘆的聰明之處就在於，同一株葫蘆藤上的雌花和雄花不會同時綻放。所以，葫蘆想要孕育種子，花粉必須是從另外一株葫蘆藤上的花獲取。

葫蘆的胎座

胎座是植物的胎盤，位於果實內生產種子的地方，這很容易讓人聯想到母親孕育嬰兒的胎盤。

西瓜的胎座

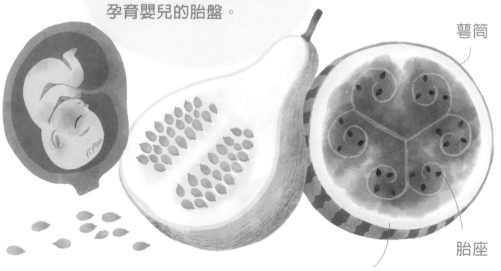

萼筒

胎座

果皮

胎座和胎盤的主要作用，都是為幼小的生命提供營養。

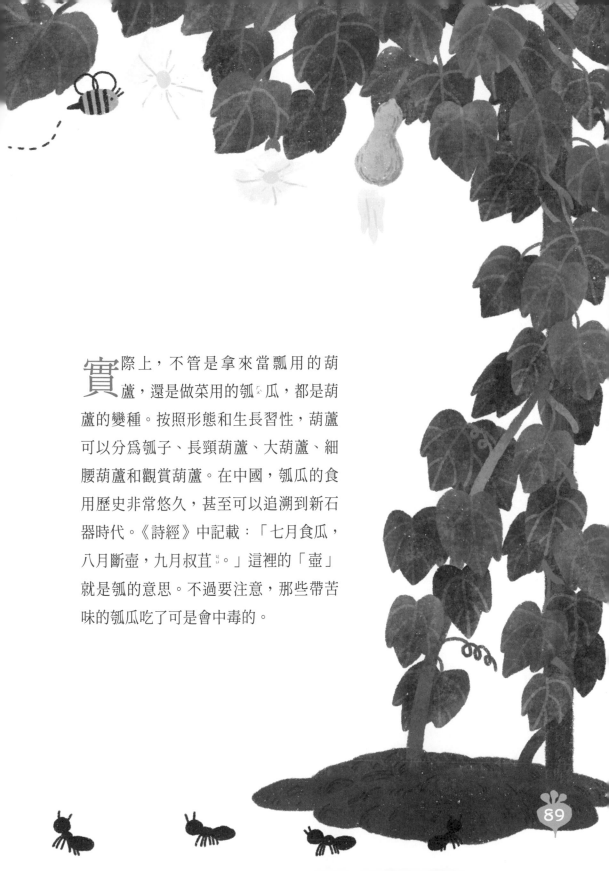

實際上，不管是拿來當瓢用的葫蘆，還是做菜用的瓠瓜，都是葫蘆的變種。按照形態和生長習性，葫蘆可以分為瓠子、長頸葫蘆、大葫蘆、細腰葫蘆和觀賞葫蘆。在中國，瓠瓜的食用歷史非常悠久，甚至可以追溯到新石器時代。《詩經》中記載：「七月食瓜，八月斷壺，九月叔苴。」這裡的「壺」就是瓠的意思。不過要注意，那些帶苦味的瓠瓜吃了可是會中毒的。

各式各樣的葫蘆

葫蘆在古代是特別受重視的植物，因為它的諧音是「福祿」，寓意良好。所以，人不僅喜歡種植葫蘆，還會在各種器物放上葫蘆紋飾。日常生活中會看到不同形態的葫蘆，大致可以分成以下幾種。

細腰葫蘆
（傳統指稱的葫蘆，果實分兩段）

長頸葫蘆
（果柄處細長）

大葫蘆
（扁圓形）

瓠瓜
（圓柱形）

瓠瓜的做法

瓠瓜的做法很簡單。

第一種削皮切片，用蔥花炒一炒，就可以帶出其中的鮮味。第二種則是削皮切片後再與醃菜一起煮成湯，那種鮮味妙不可言。

第三種做法比較講究，在兩片瓠瓜間放一片金華火腿，裝盤之後再撒上少許薑絲，上鍋一蒸就成了下飯的佳餚。

葵 ㄎㄨㄟˊ

葵曾經是「百菜之王」，餐桌上的常客。
你吃過葵嗎？你了解它的味道嗎？

長歌行

漢樂府

青青園中葵，朝露待日晞。

陽春布德澤，萬物生光輝。

常恐秋節至，焜黃華葉衰。

百川東到海，何時復西歸？

少壯不努力，老大徒傷悲！

這首詩是勸人惜時奮進的名篇。詩一開始寫道：園中青青的葵菜，在朝陽的照耀下，閃爍著光芒。接下來的兩句拓展到萬物，在春日的光輝中，一切都欣欣向榮。但是，轉眼間秋天就要到來，葉子也會枯黃。時光就像那東去的流水，永不復返，什麼時候見過它向西流呢？我們要趁年輕的時候努力向上，而不是等到垂暮之時，再感嘆虛度了光陰！

土生土長的葵菜

在唐朝之前，葵被稱爲「百菜之王」。不管是秦始皇還是武則天，盤子裡面都少不了葵。中國人種葵、吃葵的歷史可以追溯到周朝。《詩經》中提到「七月亨葵及菽」，「菽」就是現在的大豆，把葵和大豆並列在一起，其重要性可見一斑。後來，「百菜之王」的頭銜被大白菜搶走了。不過，這裡的「葵」可不是向日葵。比起大白菜，葵的葉子有點硬、有點粗，還有點毛毛的，會被大白菜取代也是情有可原。

黏糊糊的不是鼻涕

葵的葉子有些粗糙，嘗起來舌頭會好像刺刺的，而且這東西黏糊糊、滑溜溜，有點像鼻涕。但是，葵菜的黏液可不是鼻涕。鼻涕會黏，是因為含有蛋白質；葵菜黏糊糊的汁液成分主要是多醣。雖然我們的腸胃無法消化和吸收葵菜裡的多醣，但是它有獨特的功能。

有用的多醣

多醣一方面可以促進腸胃蠕動，保證消化系統正常工作；另一方面也可以成為腸道內有益細菌的食物，阻止有害細菌入侵。有機會的話，不妨嘗嘗這種古老又健康的蔬菜吧！

葵菜粥

1. 葵洗淨切段，米淘洗乾淨。

2. 鍋燒熱放油，油熱下蔥花煸香，放入葵煸炒，加入精鹽炒至入味，出鍋待用。

3. 鍋內加適量水，放入米煮成粥，倒入炒好的葵煮一會兒，即可出鍋。

洛神花
經常用來泡水喝。

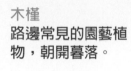

生活中處處能見到葵的
「親戚」。

木槿
路邊常見的園藝植
物，朝開暮落。

蜀葵
因種植在中國西南地
區而得名，別名「一
丈紅」。

蕪ㄨˊ 菁ㄐㄧㄥ

你吃過長得像蘿蔔、吃起來像馬鈴薯一樣的蔬菜嗎？
蕪菁和白菜有什麼不一樣呢？

望江南・暮春

宋・蘇軾

春已老，春服幾時成。

曲水浪低蕉葉穩，舞雩ㄩˊ風軟紵ㄓㄨˋ羅輕。

酣詠樂昇平。

微雨過，何處不催耕。

百舌無言桃李盡，柘ㄓㄜˋ林深處鵓ㄅㄛˊ鴣ㄍㄨ鳴。

春色屬蕪菁。

這首詞是蘇軾從杭州到密州就任，修葺城北舊台後登台所作的。身爲密州的地方長官，蘇軾政績斐然，所以心情也很好。上闋提到晚春的小溪、和緩的春風；下闋描述春雨後處處催耕的氣象。百舌鳥也不叫了，桃花和李花都凋謝了，只剩灌木叢深處水鵓鴣的叫聲。一片春色，全都集中在根碩葉肥的蕪菁上。

蕪菁是大白菜的祖先

最初栽培的過程中，其特性並不穩定，有時長成大白菜的模樣，葉片茂密；有時卻長成蕪菁的模樣，貯藏根肥大。《本草綱目》中記載：「菘菜不生北土。有人將子北種；初一年，半爲蕪菁，二年，菘種都絕。將蕪菁子南種，亦二年都變。」這裡的「菘菜」指的是大白菜。這幾句是說，大白菜種在北方會變成蕪菁，蕪菁種在南方會變成大白菜。

蕪菁就是蕪菁，菘就是菘，
怎麼可能會變呢？

徐光啟

明代學者徐光啟曾經質疑這個觀點。他在自家菜園裡進行實驗，發現蕪菁就是蕪菁，菘就是菘，根本不會變。那麼到底誰是對的呢？其實兩個說法都對。唐朝時，菘仍在進行選育，在不同的地方栽種，會受到當地氣候的影響。徐光啟也沒有錯，只是他栽種的種子已經經過了幾百年的篩選，這時不管是蕪菁還是大白菜，農藝性狀都已經相當穩定了。

蘿蔔白菜，各有所愛

有句俗語是「蘿蔔白菜，各有所愛」，說的就是不同的人喜好各異。畢竟白菜清淡，蘿蔔辛辣，一個適合燉煮，一個適合爆炒，兩者之間確實沒什麼好比較的。但大家其實搞錯了一件事，就是把蕪菁錯認為模樣相似的蘿蔔。蕪菁這個「假蘿蔔」沒有辣味，倒是透著幾分鮮甜。到了開花時節，區別就更加明顯了。蕪菁開的是黃花，蘿蔔則是開白花，兩者的差異當下立判。

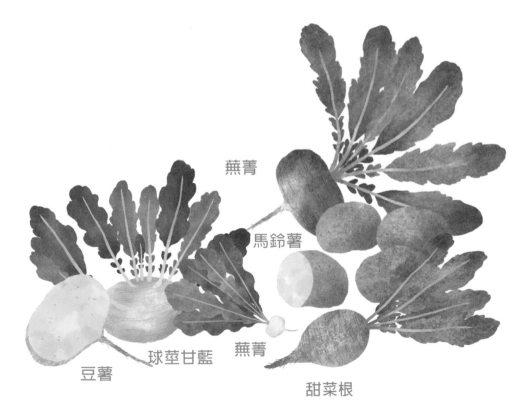

蕪菁

馬鈴薯

豆薯　　球莖甘藍　　蕪菁

甜菜根

蕪菁的結構

葉

蕪菁的葉片與根
都可食用。

貯藏根

用來儲藏營養，來
年春天開花結果時
就能派上用場。

根

吸收水分和營養。

是飯也是菜

蕪菁是一種厚實的蔬菜，除去所有水分之後，剩下的乾物質占總重量 9.5% 以上，遠高於蘿蔔的 6.6%。所以，在兵荒馬亂的年代，蕪菁常被當成救荒的主食。西元 154 年，在遭遇蝗災、水患之後，漢桓帝就曾號召全國人民種植蕪菁，來彌補糧食的空缺。據說，在連年征戰的三國時期，諸葛亮也曾經號召蜀地的農夫廣泛種植蕪菁，以充實食物供應。

高營養的蕪菁

當然，蕪菁所含的營養物質也不少。每 100 公克的新鮮蕪菁中，維生素 C 的含量在 30 毫克以上，這說明它已經是相當優質的維生素 C 提供者了。每天吃 300 公克的蕪菁，就可以滿足每人每天的維生素 C 需求量。

芥菜 ㄐㄧˋ ㄘㄞˋ

芥菜刺鼻的氣味從哪裡來？芥菜有好幾種長相嗎？

禮記·內則

膾，春用蔥，秋用芥。

聽我講文言

這裡的「膾」指的是生肉、生魚之類的食物。按照《禮記》的記載，吃生肉的時候，春天要配蔥，秋天要用芥。可見，古人對吃也是非常講究的。

不管是東方還是西方，食用黃芥末的歷史都非常悠久。在《禮記》中就有「芥醬魚膾」的描述，表示當時已經用黃芥末來搭配生魚片享用。

在同一時期的古羅馬，人們透過「芥末葡萄汁」來認識這種植物，那是多麼奇異的味道啊！他們還會把芥菜籽與黑胡椒、茴香、蒔蘿等香料混合在一起，做成烤野豬的醬汁。

不同芥菜的莖、葉、根的差別很大，很難相信它們是同科植物。

葉：通常很寬。

莖：縮得很短，幾乎看不到。

根：有些品種的根很肥大。

芥菜有一個非常龐大的家族，我們熟悉的黃芥末、榨菜、雪裡蕻和大頭芥都是芥菜，都有芥末味。

刺鼻的氣味從哪裡來？

除了苦味，芥菜家族還有一個防禦的絕招——刺鼻的氣味。不管是苦菜、榨菜，還是大頭芥，都有一種特殊的刺激氣味，更不用說芥末了。這種特殊氣味其實是為了對抗害蟲。畢竟，沒有多少蟲子願意頂著刺激性氣味「犯案」。當然，也有一些生物不在意這種威脅，甚至喜歡這種刺激的氣味，人類就是其中一種。

寬柄芥

莖用芥菜
（榨菜）

辣根

捲心芥

大頭芥

有趣的是，如果不切碎這些植物，它們都是溫和、沒有刺激性氣味的。因為這些「化學武器」平常都是以硫代葡萄糖苷（芥子油苷）的形式存在，只有當植物受到啃咬攻擊時，才會在相應的酶作用下分解，釋放出異硫氰酸酯，變身為刺鼻的物質。植物的智慧可見一斑。

不是芥末的芥末

山葵的大名叫山蔴菜，長得就像棵嫩莖萵苣。它可食用部位是莖，也是搭配壽司的傳統醬料。都是現磨現用，因爲磨製十五分鐘後，山葵的特殊風味就會消散了。

從蔬菜到調味料

北京人吃的芥末墩，上頭的黃芥末其實是芥菜種子磨製而成的醬料。種植芥菜的歷史從很早以前就開始。早在春秋時期，人們就開始收集芥菜種子來製作芥末。

山葵

辣根也叫馬蘿蔔或西洋山蔫菜，是十字花科辣根屬的植物。與芥菜種子、山葵根莖不同，主要食用部分是它的根。辣根磨製成醬料後是淡黃色，並不是市面上販售的那種綠色，那是添加人工色素後的結果。

異硫氰酸酯

酶

硫代葡萄糖苷

辣根

薺菜 ㄐㄧˋ ㄘㄞˋ

為什麼薺菜這麼好吃卻還是野菜？你能認出薺菜嗎？
薺菜怎麼變成小鼓？

食薺其一

宋・陸游

日日思歸飽蕨薇，

春來薺美忽忘歸。

傳誇真欲嫌茶ㄊㄨˊ苦，

自笑何時得瓠肥。

110

大約在三千年前，人們就已經開始思考怎麼享用這些春天的野菜了。在《詩經·邶˙風·谷風》中就有記載「誰謂荼苦？其甘如薺。」而在《楚辭》中，也有「故荼薺不同畝兮」的詩句。南宋的大詩人陸游，更是薺菜的頭號「粉絲」，寫了很多首和薺菜有關的詩。這首〈食薺〉是說詩人在四川吃到了美味的春薺，就不再想回家鄉紹興去吃蕨和薇了。

111

薺菜的種子非常小

薺菜為什麼還是野菜？

漢朝時，人們曾嘗試將薺菜馴化爲家常菜。但是薺菜的種子太小了，每一千粒薺菜種子的重量只有 0.09 至 0.12 公克，大約是一粒米的重量。說薺菜的種子細如沙塵，一點兒都不誇張。種子小會導致兩個問題：一是難收集，二是幼苗瘦弱。想把薺菜養好可不容易。不說別的，光是除雜草都只能徒手拔，工作量直接翻倍。此外，新採收的薺菜種子一般處於休眠期，必須經過低溫才能叫醒它。古代沒有冰箱，顯然無法完成這個任務。

薺菜的香氣

薺菜有一種特殊香氣，結合了甜香和新鮮葉子香，就好像新鮮菠菜混合麥芽糖漿一樣。這種香氣主要來自其中的葉醇。這種物質帶有一種特殊的天然綠葉清香，在茶、刺槐、蘿蔔、草莓、圓柚等植物中都有。葉醇經常被添加到草莓、漿果、甜瓜中，是香料行業的明星。遺憾的是，薺菜的氣味沒有如此單純。身為十字花科的一員，薺菜還帶有特殊的硫化物氣味。儘管比芥菜、蘿蔔要淡上許多，卻足以打破葉醇營造的美好氛圍了。

四種菜的不同

薺菜

薺菜的葉子是趴在地上生長的，葉片是大頭羽裂狀。所謂大頭羽裂，就是在羽裂狀的葉片尖端有個大的裂口。要清楚分辨，還是需要一些經驗。

先簇擁在一起又慢慢拉伸開來的總狀花序，四片花瓣「十字交叉」的小花，四長兩短的四強雄蕊。

泥胡菜

泥胡菜的莖葉不如薺菜那樣鮮嫩，時常帶些土腥味。一般來說，它的葉子要比薺菜豐滿許多，在地面上鋪成一個規整的圓形，不像薺菜呈現出如被咬過的形狀。

苦苣菜

苦苣菜的葉片中有白色的乳汁，而二月蘭的花朵和葉片要比薺菜寬大許多。只要稍加注意，這些植物就不會混入裝薺菜的籃子裡。

獨行菜

獨行菜最容易和薺菜混淆。在幼苗時期，它們的差別不大。獨行菜的葉片比較纖細，葉片的裂片排列得很整齊，上寬下窄，頂端的裂片又變細，像一個多叉的兵器；薺菜的裂片就不是很規則，要嘛分裂得跟魚刺一樣，要嘛只是輕微裂開。特別的是，薺菜葉片頂端的裂片是圓的，跟獨行菜的「兵器叉」葉子很不一樣。

薺菜變小鼓

薺菜不僅能吃，還可以玩。把薺菜的種莢輕輕向下拉，然後用兩隻手前後搓動，它就會像波浪鼓一樣，發出好玩的聲音。

喀噠 喀噠 喀噠

芥藍 ㄐㄧㄝˋ ㄌㄢˊ

芥藍、高麗菜和花椰菜居然是一家人？
但怎麼長得完全不一樣！

雨後行菜圃 （節選）

宋・蘇軾

小摘飯山僧，

清安寄真賞。

芥藍如菌蕈 ㄒㄩㄣˋ，

脆美牙頰響。

在大美食家蘇軾的眼中，芥藍就像蘑菇一樣鮮美，吃起來也十分爽脆，嚼起來更是吱吱作響。

117

你 能想像芥藍、高麗菜和花椰菜竟然是一家人，只是它們的長相完全不一樣。雖然祖先在遙遠的地中海，芥藍卻是在中國培育而成的蔬菜。

芥藍

菜心

芥藍和菜心

芥藍和菜心長得非常像，但仔細看還是有些明顯的差別。比如芥藍的顏色偏深綠色，菜心的顏色則更加翠綠一些。還有，如果開了花，它們的差別就非常大了。

芥藍是中國人培育出來的特殊的甘藍。在西元八世紀，中國南方的廣州就已經有人開始栽培芥藍了。雖然和高麗菜是同一個物種，但是芥藍的長相卻截然不同。這就是人工選擇的結果。英國生物學家達爾文在他的著作《物種起源》中，詳細解釋了人工選擇對家鴿外形的作用，在甘藍身上也發生了類似的事情。世界上不同地區的人喜歡吃甘藍的不同部位，於是有了吃花的花椰菜、吃葉子的高麗菜和吃花薹的芥藍。

吃花的花椰菜和青花菜

花椰菜和青花菜的主要食用部位是膨大的花序軸。不過，花椰菜幼嫩的花蕾更特別，它比青花菜的花蕾更多、更密，顏色也是雪白的。

寶塔花菜

每個小花序呈寶塔形狀。這種類型的花菜是在義大利培育出來的，所以又有「羅馬花椰菜」之稱。

吃芽的球芽甘藍

球芽甘藍像是一棵縮小版的木瓜樹。不過這棵「小樹」上結的不是果實，而是一些稱為「葉芽」的結構，這些葉芽就像一個個縮小版的高麗菜。

羽衣甘藍

路邊的花壇中經常會看到一些像牡丹花一樣的植物，或紅或黃的「花瓣」層層疊疊展現，那就是羽衣甘藍。其實那些「花瓣」是羽衣甘藍的葉片，因為葉片有褶皺，加上各種花色素，讓它看起來比花朵還漂亮。羽衣甘藍也會開花，它的小花朵長得很像油菜花。

吃葉子的高麗菜

最原始的甘藍葉片通常是散開的，就像常見的小白菜那樣。只是因為基因的變異，才出現了包心的現象。

紫甘藍

富含花青素的紫甘藍出現，大大豐富了沙拉原料的選擇。只是花青素帶有特殊的澀味，加熱後容易變色，烹調的時候可以適度加一點糖。

捲心菜

紫甘藍

妙趣小廚房

白灼芥藍

1. 把芥藍洗淨、大蒜切末備用。

2. 煮一鍋清水，燒開後放入芥藍汆(ㄘㄨㄣ)燙。

4. 在芥藍中央均勻地撒上蒜末。

3. 撈出擺盤。

5. 起鍋燒油，一勺勺將熱油淋在蒜末上。

08

吃蘿蔔為什麼會放屁？①
古詩詞裡的自然常識【蔬菜篇】

作　　者｜史軍
繪　　者｜傅遲瓊
專業審訂｜宋怡慧、李曼韻
責任編輯｜鍾宜君
封面設計｜謝佳穎
內文設計｜陳姿仔
特約編輯｜蔡緯蓉
校　　對｜呂佳真

出　　版｜晴好出版事業有限公司
總 編 輯｜黃文慧
副總編輯｜鍾宜君
行銷企畫｜胡雯琳、吳孟蓉
地　　址｜104027 台北市中山區中山北路三段 36 巷 10 號 4 樓
網　　址｜https://www.facebook.com/QinghaoBook
電子信箱｜Qinghaobook@gmail.com
電　　話｜（02）2516-6892　傳　真｜（02）2516-6891

發　　行｜遠足文化事業股份有限公司（讀書共和國出版集團）
地　　址｜231 新北市新店區民權路 108-2 號 9F
電　　話｜（02）2218-1417　傳真｜（02）22218-1142
電子信箱｜service@bookrep.com.tw
郵政帳號｜19504465 （戶名：遠足文化事業股份有限公司）
客服電話｜0800-221-029　團體訂購｜02-22181717 分機 1124
網　　址｜www.bookrep.com.tw
法律顧問｜華洋法律事務所／蘇文生律師
印　　製｜凱林印刷
初版一刷｜2024 年 1 月
定　　價｜350 元
ISBN｜978-626-7396-17-9
EISBN｜9786267396223（EPUB）
EISBN｜9786267396230（PDF）

ALL RIGHTS RESERVED

Copyright © 2022 by 史軍 Illustration Copyright© 2022 by 傅遲瓊

Original edition © 2022 by Jiangsu Phoenix Literature and Art Publishing, Ltd.

國家圖書館出版品預行編目 (CIP) 資料

吃蘿蔔為什麼會放屁 ?/史軍著 .– 初版 .– 臺北市:晴好出版事業有限公司出版;

新北市:遠足文化事業股份有限公司發行 ,2024.01 128 面;17×23 公分 .–(古詩詞裡的自然常識;1)

ISBN 978-626-7396-17-9(平裝) 1.CST: 科學 2.CST: 蔬菜 3.CST: 通俗作品 308.9

112018789